AF343918

SECOND DIALOGUE

SUR LE

PARACASSE.

Sa supériorité sur les divers moyens proposés pour empêcher la casse.

INTERLOCUTEURS : **B , C.**

1.—C. Il y a long-temps que je souhaite avoir des idées nettes et arrêtées sur la mousse du vin et sur les dangers de la casse. Auriez-vous l'obligeance de me satisfaire, un jour ou un autre, à votre loisir ?

2.—B. Je suis aujourd'hui à votre disposition. Je suis charmé de vous trouver cette curiosité, à vous qui n'êtes pas dans le commerce des vins.

3.—C. Sans doute les commerçants avec lesquels je suis en relation ne sont pas de ceux qui, par des expériences de physique, ont pu acquérir les connaissances qui me manquent. Les négociants que j'ai questionnés sur cette matière ne m'ont fait entendre que des phrases obscures, et m'ont laissé mon ignorance.

4.—B. C'est que les commerçants n'ont pas les besoins du professeur et du savant. C'est que jusqu'à présent il n'a fallu que des fonds et une pratique éclairée pour s'enrichir dans une industrie qui est en

1

grand progrès. En effet, si un nouveau commerçant, assez téméraire pour spéculer sur les fonds des autres, sur des bouteilles non marchandes, et sur une trop forte dose de vins verts et inférieurs, est ruiné dans une année de casse furieuse, il y en a quatre nouveaux qui font leurs affaires, malgré les alternatives de pertes de 40 et de 7 pour %, ou malgré la casse moyenne de 15 pour %. Aussi, le nombre des marchands de vins va-t-il toujours en augmentant, et le commerce en s'étendant.

5. — C. Je conçois que l'on prospère dans le négoce des vins, sans être physicien, plus même qu'on ne le fait dans la fabrication des étoffes, sans être mécanicien ni chimiste; car la consommation des étoffes approche la limite des besoins, tandis qu'on assure que la consommation du vin mousseux est encore fort loin de sa limite, même dans les états civilisés.

Ce qui me surprend, c'est que l'on se résigne à la perte moyenne 15 pour %, tandis que, selon vous, votre procédé coûterait moins.

6. — B. Vous abordez là une question assez complexe, sans qu'il y paraisse. D'abord, la perte moyenne de 15 pour %, malgré les dénégations fort suspectes de quelques hommes, qui font du mystère la principale colonne de la science commerciale, cette perte n'est inévitable jusqu'ici que pour le vrai commerce, où il s'agit d'un vin ayant de la qualité et une bonne mousse. Car on sait qu'on peut à volonté restreindre la casse à la perte moyenne de 4 pour %, quand on se borne à produire, pour un petit nombre d'amateurs, un vin crémant d'excellente qualité, ou un vin très-médiocre sans qualité ni mousse, dont on réussit parfois à se débarrasser chez des consommateurs peu difficiles ou peu aisés.

Ensuite, qu'y a-t-il d'étonnant que l'on se soumette à une casse moyenne de 15 pour % pour un profit de 30, surtout tant que l'on est assuré que nul concurrent ne peut se soustraire au fléau ?

Enfin les avantages attachés au Paracasse sont trop

éminents pour qu'on y ajoute créance. On n'est pas en état de s'en rendre compte. Et si quelqu'un y ajoute un peu de foi, il se trouve arrêté par le défaut de capital. Il attend que l'exploitation du brevet tombe en des mains assez riches pour qu'il y ait un certain nombre d'appareils construits à l'avance, et pour qu'on offre des facilités aux producteurs.

Les gens désintéressés et éclairés sur cet article gémissent de voir un nouvel exemple d'une découverte utile au producteur, au commerçant, aux consommateurs, qui, faute d'être comprise, faute d'esprit public en France, faute d'une institution propre à favoriser l'industrie et le commerce, est exposée à passer à l'étranger, et à priver notre pays du plus beau des dons que lui ait départis la nature, savoir : la production du meilleur vin mousseux sur le globe.

7.—C. Vous m'avez pleinement éclairé sur la question, qui me semblait un paradoxe ; mais je suis de ceux qui gémissent sur le mal, sans perdre l'espérance d'un meilleur état de choses. Est-ce la faute du public, si Messieurs les savants ne prennent pas assez de soins pour lui ouvrir les yeux et lui rendre plus palpables les fruits de l'étude et du calcul ? Je lis dans l'histoire que, sans les sollicitations les plus pressantes d'Hiéron, le grand Archimède n'aurait produit que des œuvres de théorie pure, comme la surface et le volume de la sphère, l'aire de la parabole, les propriétés de la spirale, et le nombre des grains de sable du rivage de la mer. Il a fallu les instances d'Hiéron pour qu'Archimède imposât silence aux railleries des grands de Syracuse, en faisant, lui seul, avec ses machines, avancer sur la plage le plus grand des vaisseaux de l'époque, qui avait résisté aux efforts de mille paires de bœufs attelés ; pour qu'Archimède découvrît le poids de l'or dérobé par l'orfèvre à la couronne royale ; et pour qu'Archimède inventât les admirables machines qui, pendant deux ans, ont défendu les remparts de Syracuse contre les efforts et les ingénieurs de l'armée romaine. Et pourtant Archimède était puissamment riche. Mais son génie mécanique a failli être étouffé sous l'esprit de son siècle, qui était une exaltation vive pour les vérités abstraites de la géométrie, et le dédain le plus superbe pour les applications mécaniques.

8.—B. Je sens la justesse de votre éloge d'Hiéron, homme positif, et de votre blâme de l'esprit du siècle d'Archimède. Si ce grand homme eût vécu de nos jours, il n'aurait pas attendu jusqu'à 55 ans à rendre sensible à ses contemporains le pouvoir de la science sur le bien-être social.

Ma pauvreté n'est pas même une excuse suffisante. Ce n'est pas d'aujourd'hui que je sens que, si j'eusse fait un meilleur partage de mes facultés et de mes loisirs; et, sans perdre le moindre mérite de mes travaux comme géomètre et comme professeur, si j'eusse consacré la moitié de mes heures d'étude à l'art de la parole, à l'art de persuader le public sur les choses qui concernent ses plus chers intérêts; il y a plusieurs années que, malgré l'antipathie, le mauvais vouloir et les souhaits sardoniques de mes proches et des personnes à qui j'ai fait des ouvertures, le Paracasse aurait assuré à la France une supériorité inébranlable, en dépit des grandes entreprises tentées aujourd'hui en Allemagne et en Russie. Il y a plusieurs années que la marine française occuperait le premier rang dans le monde civilisé; que la charrue mécanique labourerait 5o hectares en un jour, et remplacerait les bras des nègres dans la culture du sucre de canne; et que la France commencerait à offrir à l'univers étonné le spectacle admirable de l'extirpation des causes, soit de la disette, soit de la cherté des denrées nécessaires à la multitude, soit de l'avilissement du prix des céréales; le spectacle de l'extirpation radicale des causes des émeutes, de la misère et de la corruption des familles ouvrières; le spectacle de la multitude occupée, paisible, sainement nourrie, instruite, contente du présent et de l'avenir, soumise aux lois, dévouée au pays et à son gouvernement ; le spectacle d'institutions agricoles, industrielles et morales ; le spectacle de chaque département recevant à son tour le bienfait de monuments utiles à l'instruction, aux arts et à la gloire du pays !

9.—C. Mon cher M. Maizière, puisse en cela le ciel vous inspirer et vous faire entendre ! Mais mes faibles yeux ne pouvant soutenir une perspective aussi éblouissante, permettez-moi de vous ramener au Paracasse. Pourriez-vous me faire comprendre son économie pour le producteur du vin mousseux ?

10.—B. Il y a long-temps que la casse moyenne du vin mousseux est de 15 pour %, après avoir été plus destructive. Cela ferait 15 centimes par bouteille d'un tirage, si le prix du revient était resté à 1 fr. au moment de la mise en bouteille. Soit la perte actuelle moyenne, 15 centimes du revient de la bouteille.

Hé bien ! le Paracasse revient au producteur à 2 centimes 25/100 par bouteille.

11.—C. L'avantage est si sensible, qu'il faut soupçonner qu'il y a ici quelque malentendu, quelque point encore obscur.

12.—B. C'est vainement jusqu'ici que je réclame une discussion sérieuse, sur notes écrites, et d'où l'on bannisse tout verbiage, toute fin de non-recevoir.

C'est en vain que je rappelle aux petits producteurs leur prime de 10 centimes par bouteille, offerte depuis 50 ans, et aux grands producteurs la prime qu'ils ont eu raison d'offrir, de 20 centimes par flacon, pour être affranchis de la casse.

13.—C. Si l'on ne peut nier les deux primes, 10 centimes et 20 centimes, le commerce ne peut long-temps refuser votre Paracasse à raison de 2 centimes 25/100, si vous établissez son infaillibilité.

Je sens que, pour le succès de votre cause, ce serait une discussion loyale et solennelle qu'il faudrait établir, afin de convaincre et de persuader les intéressés. En attendant, croyez-vous que je puisse comprendre les motifs que vous auriez à faire valoir, et auriez-vous l'obligeance de me les détailler ? Peut-être parviendrais-je à être votre interprète dans le petit cercle de mes relations.

14.—B. Je ne doute pas de votre bonne intention. Je voudrais pouvoir compter autant sur le bon vouloir d'un capitaliste que sur votre aptitude à me comprendre, et sur votre conviction. Ce n'est pas d'aujourd'hui que je fais profession de rendre témoignage à la rectitude de votre esprit et à la lucidité de votre élocution.

Croiriez-vous que depuis un an je désire le secours d'un homme éloquent pour prendre connaissance de mon procédé et le mettre dans tout son jour sous les yeux d'un capitaliste sensé? C'est en vain que je mets en avant un cadeau considérable, à recevoir deux ans après mes premiers bénéfices.

15.—C. Je ne vous demande que la peine de mettre vos raisons à la portée de mes faibles lumières. Et d'abord n'avez-vous pas des expériences à citer, et qu'on ne puisse contester, qui témoignent en faveur de votre procédé ?

16.— B. En 1822, en 1837, en 1841, des expériences avaient achevé de m'éclairer sur la marche de la fermentation dans l'eau, et dans l'eau comprimée, aussi bien que dans l'air libre ; puis sur le peu de durée de la fermentation en un local au rez-de-chaussée, à la température de l'atmosphère ; et sur la facilité d'obtenir un vase clos imperméable, à froid, sous la pression de 7 atmosphères. Enfin, en 1842, pendant les 6 mois du 1er Juin au 22 Novembre, ma cuve a soutenu, sans fuite, la pression de 7 atmosphères, n'a éprouvé ni casse ni coulage, et a amené à la bonne mousse quatre lots de vins, dont les lots de confrontation, tenus à la cave, y ont subi les quatre pertes : 40, 50, 60 et 80 pour %.

17.— C. Fort de ces préliminaires, je vous tiens quitte des raisonnements mathématiques par lesquels vous pourriez chercher à établir la confiance que le public doit avoir dans un résultat de la science et du calcul, ainsi que dans vos preuves de connaissances solides, en fait de dimensions et d'épaisseurs des matériaux que vous mettez en œuvre.

Parlons des choses de la compétence du simple producteur. Faites-moi comprendre et le gaz, et la mousse, et la casse, et le coulage : comment vous dirigez le travail de la nature, en produisant toujours la mousse sans casse ni coulage, et aussi comment vous pouvez nous convaincre que, dans l'année même, vous avez obtenu le résultat cherché.

18.—B. Il ne faut pas confondre le gaz de la mousse avec la vapeur du vin soumis à l'ébullition, qui, par son refroidissement, donne l'alcool. Le gaz acide carbonique est un des produits de la fermentation qui s'établit spontanément à une température d'au moins 16° centigrades, et qui, sans le bouchon, s'achèverait en plusieurs heures ou en plusieurs jours, si la température pouvait suffisamment s'élever et se soutenir.

19.—C. Je désirerais savoir comment la clôture par le bouchon peut prolonger la fermentation depuis quelques heures jusqu'à 5 mois.

20.—B. Si la bouteille était ouverte, comme le plateau où la pâte du pain est déposée, la fermentation, commencée un peu au-dessus de la température moyenne, ne s'arrêterait qu'à l'épuisement des matériaux fermentescibles qui restent ou doivent naître dans le vin nouveau au moment du tirage. Alors, à mesure qu'il se formerait, le gaz se dissiperait, comme cela arrive au-dessus de la pâte, et le vin ne serait pas mousseux.

L'effet du bouchon est de retenir le gaz nouveau qui se rend dans la chambre, s'y accumule, y accroît la tension ou la force élastique qui presse plus fortement le liquide. Cette surcharge du vin arrête le travail de la fermentation, à moins que la température ne soit aussi plus fortement élevée.

Admettons qu'après une formation de deux chambrées de gaz, ce qui revient à un surcroît de tension de 2 atmosphères, la température ne s'élève plus, et qu'au contraire elle s'abaisse. Il faut quelques heures au gaz nouveau pour être absorbé par le liquide, ou infusé dans le vin jusqu'aux 71/72. Après cela il ne reste dans la chambre que le dernier 72e du nouveau gaz. La chambre aura encore à acquérir 70 à 80 doses semblables de gaz avant l'accomplissement de la mousse; et si la marche de la fermentation n'est pas plus active à chaque période journalière de haute température, il faudra 75 jours de chaleur pour amener dans la chambre les deux chambrées, que dans le premier été elle doit acquérir, et conserver ensuite plusieurs années.

Or, les 75 périodes de chaleur pouvant être séparées par des périodes journalières de basse température, aussi prolongées, cela peut étendre la durée de la fermentation à 5 mois. C'est à peu près ce qui se passe naturellement dans les années les plus bénignes; car une bouteille commune n'est jamais en danger tant que la chambre n'a pas trois fois son volume de gaz.

21.—C. Puis-je maintenant savoir comment une pression plus forte sur le liquide arrête la formation du gaz?

22.—B. L'ébullition de l'eau est une production de vapeur assez analogue à la formation chimique du gaz du vin.

Or, en faisant bouillir simultanément de l'eau à différentes hauteurs atmosphériques, par exemple sur la pente d'une montagne ou dans un ballon captif, aux hauteurs de plus en plus petites :

5012^m	4176^m	3341^m	2506^m	1670^m	835^m	0^m

Les degrés correspondants de l'ébullition de l'eau sont :

$86°$	$88°$	$90°$	$92°$	$94°$	$100°$	$97°$

Et les pressions barométriques correspondantes sont :

$0^m,40$	$0^m,44$	$0^m,49$	$0^m,55$	$0^m,61$	$0^m,68$	$0^m,76$

23.—C. Je vous comprends : à mesure que l'on descend dans l'atmosphère, qui nous enveloppe comme une mer dont la surface supérieure est de niveau autour du globe, le poids de la colonne atmosphérique augmente. L'eau chauffée sur la montagne en est moins comprimée. Elle bout à une température plus basse, comme si la pression faisait obstacle à la vaporisation. D'après cela, il est tout simple que, lorsque la pression sur le vin vient à augmenter au point de devenir trois et quatre fois plus forte, la fermentation la plus violente est suspendue, jusqu'à ce que le nouveau gaz se soit infusé dans le liquide, ou à moins que la température ne s'élève promptement de 10 et 15°.

24.—B. Vous sentez maintenant trois choses importantes :

1°. La fermentation fougueuse, en amenant tout-à-coup dans la chambre sept à huit fois son volume de gaz nouveau, compromet tout de suite le verre le plus mince, et avec le temps détruit les bouteilles moyennes et les fortes.

2°. Une casse effroyable pouvant ainsi résulter d'un seul accès de fermentation fougueuse subitement arrêtée, même sans que la chaleur s'abaisse, cette perte n'est nullement une preuve de l'achèvement du travail de la nature, à laquelle il pourra rester encore à produire plus de 100 centilitres de gaz.

3°. Cette perte n'est pas toujours une garantie que le travail de la fermentation sera complété dans le premier été ; car il se peut que la température ultérieure des caves demeure trop basse durant le reste de l'année.

25.—C. Voilà bien les difficultés, les contradictions, les absurdités apparentes qui faisaient autrefois le tourment des spéculateurs de vins mousseux.

26.—B. La nature a à créer 150 centilitres de gaz durant l'été.

D'un côté, cette production peut s'effectuer à petites doses, en une centaine d'accès, dont aucun ne surpasse 2 centilitres ; ce qui ne briserait aucune bouteille ;

D'un autre côté, le gaz peut se produire à fortes doses de 8 centilitres à la fois ; et comme il faudrait une vingtaine de ces accès pour tout le travail, le verre peut être mis en danger de casse vingt fois dans le cours de l'été ; et cela sans que rien ne puisse éclairer le producteur, ni sur la température à venir, ni sur la part effective du travail déjà accompli ; sinon lorsque déjà il y a eu beaucoup d'accès de casse dans un même vin, et lorsque plusieurs périodes de haute température sur la fin de l'été n'amènent plus de casse foudroyante.

3^{ent}. En toute année où le travail s'accomplit de lui-même dans nos caves, l'été offre une succession de ces diverses périodes, sans que les événements passés puissent donner le moindre indice sur ceux qui vont suivre.

4^{ent}. Lorsqu'il n'y a encore qu'une partie du gaz formé, comme 80 centilitres, la température des caves peut rester ensuite au-dessous de la moyenne ; ce qui rejette à l'année suivante le surplus de la fermentation et le surplus de la casse.

27.—C. Je crains de vous fatiguer. Pourtant j'aurais besoin de voir éclaircir mes idées fort confuses sur la pression d'un liquide, sa compression, la force expansive d'un gaz, sa tension, sa force élastique.... sur les accroissements et les mesures de ces forces.

28.—B. J'espère y parvenir avec le temps.

Vous vous figurez un tonneau plein d'eau ; au-dessus, un tuyau élevé et plein d'eau ; en un endroit de la paroi du tonneau, un trou de 1^{mm} carré, fermé par un piston maintenu par une force suffisante.

La force qui pousse le piston du dedans au dehors se nomme la pression en cet endroit. Sa mesure est le poids de la colonne d'eau qui a pour base 1^{mm} carré, et pour hauteur la différence de niveau entre le centre du piston et le haut de l'eau dans le tuyau

29.—C. De sorte que le piston serait maintenu par le dehors en équilibre, s'il était la base d'un second tuyau recourbé au besoin, et plein d'eau, juste au niveau du premier tuyau.

30.—B. Cela est exact.

Si un trou de 1^{mm} carré était fait au premier tuyau, à la moitié de sa hauteur, la pression nouvelle serait la moitié de la première, et on conçoit une pression égale au quart, au cinquième de la première, pour la même base.

Si au tonneau on conçoit une seconde surface de 1^{mm} carré au niveau du premier piston, la pression exercée contre cette base sera égale à la première.

31.—C. Il me semble, d'après cela, que, contre une base double, triple.... de celle du premier piston, la pression est double, triple pour la même distance du niveau supérieur.

32.—B. Cela est juste.

Pour en venir aux fluides aériformes, concevez que le tuyau descendant au bas du tonneau ait servi à fournir l'eau dans le tonneau. Une fois que la surface de l'eau a atteint le niveau du bas du tuyau, l'air supérieur n'a pu s'échapper. Cet air se *comprime* ou diminue de volume à mesure que l'eau monte dans le tonneau. Lorsque la différence de niveau dans le tonneau et le tuyau est 10^m, la pression de l'eau, à la surface commune, contre un piston de 1^{mm} carré, est la même que précédemment.

La pression de l'air contre un piston voisin est aussi la même.

L'air et l'eau exercent des pressions égales à leur surface commune.

33.—C. Ainsi l'air naturel ne fait pas monter l'eau en un tuyau ouvert, et l'air peut être comprimé de manière à ce que sa pression équivaille au poids d'une colonne de 10^m.

34.—B. C'est vrai.

Si la hauteur excédante de l'eau dans le tuyau montant devient double, ou 20^m, le volume A de l'air du tonneau est réduit à sa moitié ; sous la hauteur 30^m, le volume A est réduit à son tiers. C'est la loi de Mariotte.

L'air se comprime ; son volume se réduit dans la raison inverse des charges qui le compriment.

Sa pression, comme celle de l'eau, s'accroît et par conséquent diminue dans la raison directe de la charge.

35.—C. Je vois bien que, si la hauteur première 10^m était réduite à 5^m, le volume A deviendrait double ou 2A ; que si la charge 10^m devenait 10 fois plus petite ou 1^m, le volume A deviendrait 10A. Mais qu'adviendrait-il si on forçait, avec une pompe foulante, de l'air à entrer dans le volume A ?

36.—B. On ferait élever l'eau dans le tuyau montant. Et en effet on ajoute à la pression exercée par l'air. Si l'on continue à injecter de nouvel air dans la capacité A, et que chaque fois on verse par le haut du tuyau assez d'eau pour ramener la surface de l'eau du tonneau à la même position qui limite le volume A, quand la masse d'air se trouve doublée dans le volume A, la différence du niveau de l'eau du tuyau est 20^m, comme dans un cas précédent, où, pour la même masse A, le volume était devenu 1/2 A. Dans les deux cas, la densité primitive D, ou la masse de l'unité de volume, est devenue 2D.

Lorsque, dans le volume A, l'air est devenu triple de ce qu'il était à la densité D, la différence de niveau est 30^m, comme lorsque le volume A de la masse primitive s'était réduit à 1/3 A. Dans les deux cas, la densité D est devenue 3D.

La cause qui augmente le volume de l'air ou de toutes substances gazeuses s'appelle sa force expansive, son élasticité. Elle se développe, soit quand la force comprimante vient à diminuer, soit quand la densité vient à augmenter.

Dans l'état de repos d'un gaz, il est circonscrit en un volume fermé et résistant. La compression et l'expansion se font équilibre. Chacune est mesurée par le poids d'une même colonne d'eau. La pression du gaz contre la paroi a la même mesure. La tension du gaz est une autre expression de sa force expansive ou de sa compression.

37.—C. Je vois que la compression d'un gaz augmente avec l'accroissement de sa densité, soit par la réduction forcée de son volume, soit par l'admission forcée de nouvelle substance dans le volume primitif. Vous n'avez rien dit de semblable relativement à un liquide, et néanmoins on parle d'eau comprimée, et même comprimée à 7 atmosphères.

38.—B. C'est qu'il y a cette différence entre le liquide et le gaz. Le gaz est un ressort doux et à la fois puissant, qui se laisse aisément comprimer et réduire de volume ; tandis que le liquide est un ressort rude, qui ne se manifeste à nos yeux que par une grande pression dont l'effet même devient équivoque en se partageant entre le liquide et son enveloppe. Ainsi la même force, qui réduit un gaz à la moitié de son volume, ne réduit pas un liquide de la cent millième partie de son volume.

Néanmoins l'effort comprimant est reçu par l'un et par l'autre. Tous deux le transmettent également bien au près et au loin, et instantanément. Et quand l'effort comprimant vient à cesser, le liquide et le gaz reprennent leur premier volume.

39.—C. Il me semble que je puis faire l'application des principes à la tension du gaz dans la chambre de la bouteille d'un vin qui forme sa mousse. Cette tension est de une atmosphère, si un tube communiquant avec le liquide, et plein de vin jusqu'au niveau supérieur de 10^m, maintient l'équilibre entre le vin et le gaz de la bouteille.

Quand, par l'arrivée de nouveau gaz dans la chambre, la tension est 6 atmosphères, pour maintenir l'équilibre dans la bouteille, il faudrait que la colonne liquide ait 6 fois 10^m de hauteur.

Veuillez me dire quelque chose d'un peu clair sur l'absorption?

40.—B. C'est un double effet de l'attraction moléculaire entre un gaz et un liquide au contact, et de la tension du gaz libre.

Relativement à notre bouteille de vin, le gaz nouvellement arrivé dans la chambre est attiré dans la première couche liquide, où il se trouve tiraillé, divisé en vésicules plus petites, transmises de couche en couche, et logées dans les interstices des molécules liquides. Vous pouvez vous figurer cette infusion du gaz en un liquide, en pensant à l'imbibition de l'eau en petites gouttelettes dans les pores d'une substance fibreuse. La tension du gaz acide carbonique non dissous aide au travail de l'infusion.

Quand, après un équilibre d'absorption, la tension du gaz resté libre vient à diminuer, par exemple par l'enlèvement du bouchon, les vésicules dissoutes, délivrées du poids qui les chargeait, se dilatent; les couches liquides supérieures se soulèvent, le gaz s'en échappe avec le temps, et même visiblement. La durée de l'absorption a dû être beaucoup plus longue.

41.—C. Vous me faites comprendre un phénomène qui mettait en défaut ma perspicacité. Quelquefois, dès quinze jours après un tirage, j'ai vu sauter le bouchon, plus vivement même que dans l'automne; et quelques semaines plus tard, j'ai vu le bouchon ne pas sauter.

C'est que, dans le premier cas, il venait de se faire une production de gaz double ou triple de celui de la chambre finale, qui est deux centilitres; de sorte que la tension était alors dans un état d'excentricité, et double ou triple de la tension finale. Et le second cas avait lieu durant une période d'absorption qui n'avait laissé dans la chambre qu'une fraction de la chambrée finale.

42.—B. C'est parfaitement raisonné. Le saut du bouchon n'est pas toujours un signe de l'accomplissement de la mousse, et le non-saut du bouchon n'est pas toujours le signe d'une mousse peu avancée. Tant que le travail n'est pas achevé, l'état du gaz dans la chambre est variable, au-dessus ou au-dessous de l'état final.

43.—C. Le coulage n'est-il pas l'effet d'une défectuosité du liége?

44.—B. Autrefois le meilleur liége laissait de suite couler visiblement le vin sous la pression 5 atmosphères, ce qui réduisait bientôt la tension à sa moitié, sauvait le verre et arrêtait le coulage. Une tension excentrique ultérieure, durable, seulement de 3 ou 4 atmosphères, ne reproduisait pas le coulage, mais brisait à la longue le verre de force moyenne, qui avait soutenu un instant la tension 5 atmosphères.

Aujourd'hui, au moyen de la machine à bouchonner, le liége ordinaire, plus puissamment comprimé, ferme mieux sa bouteille, et soutient, sans coulage, jusqu'à quatre et cinq atmosphères. Le coulage arrive plus tard, et il est moindre ; mais la casse est plus forte.

45.—C. J'éprouve aussi une peine extrême à me rendre raison de la résistance d'un solide, et en particulier de l'enveloppe de verre.

46.—B. Commençons par un prisme de verre inébranlablement encastré par le haut, et tiré au bas par le poids capable d'opérer l'arrachement soudain ou la rupture du prisme. Si la section du prisme est de 1 millimètre carré, l'expérience a fait connaître que ce poids est 2 kil. 8. Le poids de rupture subite pour toute autre section est proportionnel au nombre de ses millimètres carrés. La résistance du verre est sa force de cohésion tout entière, détruite à la fois sur 1^{mm} carré par le poids 2 kil. 8.

Afin d'apercevoir cette résistance dans le verre d'une bouteille, il faut se représenter l'enveloppe renforcée inébranlablement dans son pourtour, excepté sur sa bande annulaire horizontale la plus faible, qui est à l'épaule ; concevoir cette bande séparée

en deux demi-anneaux, qui, rapprochés, ne se main-
tiennent que par la seule cohésion entre leurs bases,
à raison de 2 kil. 8 par millimètre carré de ces deux
sections.

La rupture a lieu quand la pression contre l'intra-
dos d'un demi-anneau peut l'emporter sur la résistance connue des bases.

47.—C. Je voudrais pouvoir me peindre l'action
de la température qui, en s'élevant, dilate un corps
fluide ou solide, et qui, en s'abaissant, contracte le
corps.

48.—B. La physique explique cet effet par la
force répulsive qu'on attribue au calorique ou substance de la chaleur. Quand la température s'élève,
l'accumulation du calorique dans un corps accroît sa
force répulsive. Au contraire, quand la température
s'abaisse, la déperdition d'une part du calorique at-
ténue sa force répulsive.

Dans un mémoire spécial sur cette matière, j'explique les mêmes effets par la pure attraction, à
l'instar des deux phénomènes de l'imbibition d'une
substance hygrométrique et de l'absorption gazeuse
d'un liquide, phénomène assez analogue à l'échauf-
fement d'un corps.

49.—C. Je ne m'explique pas bien la rupture du
verre en un autre moment que celui de la production
subite d'une quantité suffisante de gaz. Cependant il est
certain que le verre se brise aussi en une période où la
fermentation est suspendue.

50.—B. Pour comprendre la rupture par longueur
de temps, représentons-nous un corps visiblement
extensible, par exemple une corde, dont la résistance
soit 1,000 kil. Ce poids 1000 kil. la rompt subitement. Le poids 100 kil. l'alonge et peut être soutenu indéfiniment sans qu'elle rompe ; et quand on
détache le poids, la corde, en vertu de sa cohésion,
se contracte et revient à sa première longueur.

Le poids 900 kil. produit un alongement plus grand,
et en conséquence diminue la cohésion à chaque

instant sur une même section. La cohésion diminuée étant abaissée à 900 kil., la rupture a lieu.

Le poids 800 kil. alonge aussi la corde, mais moins fort et moins rapidement. Quand l'alongement précédent est obtenu, il reste encore à la cohésion un excédant qui ne sera détruit que plus tard et par un nouvel alongement.

Ainsi, la rupture s'opère tantôt en quelques heures, tantôt en quelques jours, jusqu'à ce que le poids supporté soit seulement environ le quart de la résistance; alors il ne produit dans la cohésion aucune altération durable.

Tous les corps, et le verre lui-même, sont plus ou moins extensibles, et présentent ainsi un cas de rupture subite, et beaucoup de cas de rupture à la longue.

51.—C. Avant d'entamer les tentatives inutilement imaginées pour obtenir toujours la mousse et pour mettre à l'abri de la casse, je me hâte de vous demander ce que c'est au juste que la mousse.

52.—B. Deux litres de gaz sont infusés dans chaque bouteille de bon vin mousseux, en vésicules fort petites, attirées d'une part par l'attraction, et poussées d'autre part par la pression de 2 atmosphères qu'exercent sur le liquide les deux centilitres de gaz non dissous qui occupent la chambre. Ces vésicules sont logées dans les interstices qui subsistent toujours entre les molécules des liquides comme entre celles des solides.

Tant que le bouchon tient bon, tous ces éléments restent en équilibre. Mais lorsque l'on rompt les fils qui attachent le bouchon, la force expansive du gaz de la chambre pousse le liége à coups précipités et le fait sauter à quelques mètres.

En même temps la surface du vin étant délivrée de sa pression, les vésicules du gaz intérieur se trouvent déchargées du poids énorme qui les opprimait; leurs petits ressorts se détendent; la résultante de ces petits gonflements opérés dans tout le liquide, prenant son point d'appui au fond de la bouteille, soulève les tranches supérieures en écume ou mélange de vin et de bulles de gaz : ce sont ces flocons d'écume qui constituent la grande mousse.

Les bulles de gaz qui s'échappent isolément des couches liquides soulevées, et qui s'amoncèlent rapidement à la surface du verre pour y briller un moment et disparaître en frémissant comme un rideau tiré précipitamment, sont l'indication d'une mousse encore belle, sans être aussi fougueuse. Ce phénomène succède toujours au premier acte de la grande mousse.

En accompagnement obligé de la mousse dans les deux cas, on voit une succession abondante et prolongée de globules perlés qui surgissent du fond du verre, montent à la surface supérieure, où ils viennent crever.

53.—C. Ainsi, le gonflement du liquide, le soulèvement et l'élancement des couches liquides supérieures, la perturbation intestine des couches du vin versé dans un verre, l'agglomération instantanée des vésicules de gaz à la surface, où elles viennent se dilater et crever, et l'ascension durable des perles brillantes, voilà les effets du gaz absorbé, les premiers caractères d'un vin mousseux ; caractères variables entre des limites assez larges, et qui n'excluent ni la qualité, ni la limpidité, ni le parfum.

Je souhaiterais que vous me fissiez un précis historique du vin mousseux.

54.—B. Il y a trois siècles, on ne faisait presque pas de vin mousseux. Le peu qui réussissait paraissait sur la table des rois. Tout le petit vin que l'on tirait en mars cassait ses bouteilles. Le bon vin d'Ay, ou ne prenait pas la mousse, ou bien, en cassant, occasionnait une grosse dépense, parce qu'alors le bon vin non mousseux avait de la valeur.

Plus tard on réduisit la casse sans manquer la mousse, en mélangeant un peu de fin vin au vin commun, et un peu de petit vin à du vin de qualité.

Mais on fut long-temps avant de voir s'établir un commerce régulier de vin mousseux Dans mon enfance, on ne faisait pas encore de tirage de 10 mille bouteilles, sans être taxé de témérité ; tandis qu'aujourd'hui beaucoup de particuliers tirent à la fois plusieurs centaines de milliers de bouteilles. On fut long-temps avant d'oser faire une large part au fléau. Cependant la production s'étendit avec les demandes, surtout à l'étranger. Les bénéfices allèrent en grandissant, malgré de mauvaises communications, malgré de mauvaises lois de douane et malgré la guerre. On perfectionna le verre et l'industrie elle-même sous plusieurs rapports, comme le dosage des vins, la limpidité, le dégorgeage, le bouchonnement, une mousse plus vive. La casse, plus anciennement de 25 pour %, fut réduite en moyenne à 15 pour %, et pour une meilleure mousse. Depuis 60 ans, le commerce est devenu 20 fois plus considérable. Il est en grand progrès, depuis que la production s'est étendue dans la Bourgogne et dans douze départements de l'est et du centre. Et, chose étonnante, qui ne se voit dans aucun autre genre de commerce, la concurrence n'a jamais fait baisser le prix du bon vin mousseux.

55.—C. Avant de m'exposer ce qui concerne le Paracasse, je souhaiterais que vous me fissiez un sommaire des tentatives imaginées pour se soustraire au désastre de la casse.

56.—B. On dressa les bouteilles sur leurs bases, un temps plus ou moins long, et à diverses reprises. On agrandit sensiblement la chambre. On commanda des bouteilles plus fortes. On arrosa les tas d'eau fraîche. On mit de la glace dans les caves. On fit jouer les volets des soupiraux et les portes. On mit en œuvre un ventilateur. On descendit les bouteilles du cellier à la cave, et quelquefois on les remonta au cellier. On étudia avec attention et avec fruit la marche et les phases du travail dans chaque bouteille. On fit usage d'alcool, de soufre, de tannin et de sucre. On se procura des caves plus fraîches. On évita les caves humides. On pratiqua des tirages plus retardés en saison. On fit des essais fort ingénieux sur le dosage des vins, d'abord de très-bonne heure, en petit, auprès du feu ou en un fumier; puis on pratiqua en grand le dosage trouvé le meilleur. On piqua les bouchons et on perfectionna de plusieurs manières le procédé de l'acuponcture. On tenta des poudres, des liqueurs chimiques. On suivit la méthode de **M. François,** pour le mesurage du sucre et du tannin. On employa l'électricité à amoindrir la casse violente.

57.—C. L'un de ces procédés a-t-il prévalu? La perte a-t-elle été sensiblement réduite? Au premier aperçu, je trouve assez séduisante l'expérience préparatoire sur le dosage des vins.

58.—B. Aucune des tentatives n'eut un succès constant ni véritablement économique. On fut toujours forcé de revenir au procédé naturel, un peu mitigé par un dosage de trois vins des trois qualités les plus saillantes; ce procédé consiste à tirer au printemps, attendre au cellier un commencement de fermentation, descendre le vin à la cave, visiter les tas, remplacer les bouteilles cassées par des bouteilles vides, afin de prévenir les éboulements, et laisser le reste à la providence, c'est-à-dire se résigner à la perte moyenne de 15 pour %.

Le défaut particulier du procédé de votre choix, c'est qu'il se fonde sur l'ignorance du travail continuel d'un vin dans le poinçon; ce qui, dès le printemps, change l'état absolu et l'état relatif de chaque vin, et d'une manière inégale, selon le cellier, selon la qualité, et selon le territoire. De sorte qu'au grand tirage, les vins prescrits ne se retrouvent plus dans les conditions de l'essai en petit; et en outre, la fermentation après le tirage a une marche qui ne ressemble en rien à sa marche dans l'essai en petit.

Aussi, dans l'application, jamais l'événement ne répondit à l'attente.

Quand, d'après divers dosages convenus d'une manière empirique, on exécuta en grand des expériences simultanées, le dosage qui eut la supériorité
dans une cave fut trouvé inférieur dans toutes les
autres ; et jamais un dosage ne conserva sa supériorité absolue deux ans de suite.

59.—C. Je souhaiterais connaître, au moins en
masse, les défectuosités principales de nos diverses
tentatives.

60.—B. Des frais en pure perte, qu'il a fallu
réitérer plusieurs fois en une année ; transformation
de la casse soudaine et muette en casse par longueur de temps et devenue explosive ; l'élévation
sensible de la température d'une cave par la présence de beaucoup d'ouvriers et de chandelles ; des
blessures causées par les éclats de verre lancés au
visage et sur les membres par les bouteilles en explosion ; nulle garantie que la fermentation doive
être achevée dans la première année ; pas de garantie que la bonne mousse soit obtenue ; pas de garantie de l'uniformité des bons résultats obtenus ;
nul affranchissement des anxiétés et des tribulations
qui tourmentent les jours et les nuits des négociants
qui visent à la bonne mousse ; et, dans tous les cas,
une perte fort au-dessus de 2 centimes 25/100 par
bouteille, même dans les rares années de prospé-
rité naturelle.

61.—C. Il me semblait que le procédé du piquage des bouchons était bien loin de coûter 2 centimes 1/4 par bouteille.

Car, si j'ai bien entendu, il se compose d'un instrument séculaire, du prix de 100 francs en capital
par atelier de 4 ouvriers, expédiant 5 mille bouteilles en un jour.

Considérons donc un tirage de 100 mille bouteilles : l'atelier emploiera 20 jours à 7 fr. par jour,
l'opération coûtera 140 fr.; s'il faut la réitérer 10
fois, la dépense sera de 1,400 fr. pour 100 mille
bouteilles, soit de 1 centime 1/2 par bouteille.

62.— B. Voilà bien l'apparence. Aussi beaucoup de négociants ont été séduits ; et, dans leur engouement, ils se sont procuré des instruments d'acuponcture. Mais voici le revers de la médaille ; et, dès aujourd'hui, vous allez juger du désappointement futur.

Avant de commencer son piquage, l'auteur des derniers perfectionnements apportés à un instrument qui a 20 ans de date, a laissé la casse se porter à 15 pour 100, et atteindre le chiffre journalier de 1 pour 100. Admettons que les négociants, plus circonspects, n'attendant que la casse de 3 pour %, et que l'opération ne soit rendue nécessaire que 5 fois.

Voilà donc une perte inévitable de 15 pour %, sans compter la perte durant les 100 jours de travail ; sans compter les recouleuses, sans compter les inconvénients graves, inséparables du relèvement des tas durant la fermentation.

Vous sentez bien que c'est une mauvaise opération. Je ne puis qu'en remercier l'auteur, qui par là aura avancé d'une année le succès du Paracasse.

63.— C. On dit merveilles d'un procédé encore secret, où l'auteur, qui opère par l'électricité, a préservé beaucoup de vin chez M. R. pendant plusieurs années.

64.— B. La maison R. ayant toujours perdu au moins 15 pour %, et perdant cette année plus de 30, l'effet réel du procédé électrique se réduit à peu de chose.

« En 6 jours, dit-on, la perte sera restreinte à son quart. »

Explique qui pourra de quelle perte il s'agit dans cette phrase inintelligible. Est-ce la perte déjà accomplie, ou la perte journalière, ou la perte qui aurait dû être supportée, qui se trouvera réduite ?

Admettons qu'il s'agisse d'une perte sous-entendue de 30 pour % : son quart est de 7 1/2 pour %.

De plus, dans les seuls 6 jours de l'application du

procédé électrique, la perte peut elle même dépas·
ser **6** pour %.

Enfin l'application du procédé peut devenir néces·
saire plusieurs fois, comme **5** fois.

Vous voyez que ce procédé doit coûter fort au-
delà de 2 centimes 1/4 par bouteille.

65.—C. On considère à la fois comme préventive,
comme préservative, comme rationnelle et comme
économique, la méthode prescrite par **M. François**.

66.—B. Le livre de **M. François** apprend parfaitement à faire de l'eau mousseuse; et s'il nous ensei-
gnait aussi bien à faire du bon vin mousseux, nous
saurions ce que le Paracasse ne nous apprendra que
dans quelques années, savoir : la préparation régu-
lière d'une cuvée pour que, quel que soit le moment
du tirage, quelle que soit l'année, le vin obtienne
toujours et la mousse et la qualité que l'on aura
eues en vue.

· Malheureusement, cela n'est pas : M. François
est mort, et sa théorie laisse inconnue une des
deux choses capitales, qui selon lui produisent le
gaz acide carbonique, savoir le *ferment* et le sucre.
Pour doser le sucre, il donne une règle facile, dont
quelquefois l'on s'est bien trouvé; quant au *ferment*,
il ne dit rien de précis, il n'apprend point à reconnaître sa présence, et ne donne aucune règle pour
le mesurer. Il agit à cet égard comme si, d'après son
dosage d'alcool et de tannin, le *ferment* devait in-
failliblement exister dans le vin nouveau à la dose
convenable pour décomposer le sucre prescrit.

Je me borne à comparer sa dépense à celle du
Paracasse.

1°. Il veut qu'avant de descendre les bouteilles à
la cave, on soit assuré d'une fermentation assez active par une casse de 3 pour %.

2°. Il assure qu'en suivant ses préceptes, d'ailleurs
fort clairs, on n'aura au plus à craindre qu'une casse
de 15 pour %, quand même les vins, non opérés à
sa manière, subiraient une casse de 30 pour %.

C'est accorder une perte moyenne de 9 pour %.

3°. Il oublie les mesures à prendre dans les étés où, par suite d'une température trop abaissée, la fermentation serait arrêtée, et son achèvement remis à l'année prochaine.

4°. Ceux qui ont suivi sa méthode en 1842 ont éprouvé 40 pour % de casse.

67.—C. Il y a long-temps, j'entendais parler d'années où, comme d'eux-mêmes, tous les vins arrivaient à la bonne mousse, sans grande casse, surtout pour les vins les moins travaillés. Il me semble que, si l'on pouvait expliquer les circonstances météorologiques qui ont régné dans ces sortes d'années, on serait sur la voie d'un procédé préservatif de la casse.

68.—B. Votre réflexion est d'une justesse frappante. Il est même étonnant que, quoique jadis une même génération vît plus d'une de ces rares années de faveur, on n'ait pas réussi à surprendre le secret de la nature dans ces occasions. Vous allez juger si mon explication est rationnelle et satisfaisante ; et vous pourriez la trouver de vous-même, si vous vous souveniez bien de ce qui précède.

69.—C. En effet, je me rappelle votre remarque sur la formation du gaz à petites doses. Tant que le gaz non dissous, durant une température chaude, ne dépasse pas deux chambrées, sa tension, qui n'excède pas 2 atmosphères, peut être supportée par le verre le plus faible ; et il suffit qu'il y ait dans l'été une centaine de ces périodes pour former le gaz utile à la bonne mousse. Dans les années spontanément prospères, la nature semble s'être complue à partager l'été en journées chaudes, et en nuits fraîches, de manière à ne produire du gaz que par doses égales ou inférieures à deux chambrées.

Et je vois clairement que, dans ces sortes d'années, tous les dosages de vins, toutes les pratiques si diverses ont dû réussir, excepté toutefois sur certains vins fins, vendangés trop mûrs et tirés trop tard, où

l'on n'aura pas réparé la perte des éléments fermentescibles ; et alors la mousse y aura été trop faible ;
et encore sur certains vins trop forcés en sucre ; et
dans ces derniers la casse aura pu se porter au-delà
de 10 pour %, la fermentation y ayant produit des
tensions de 4 ou 5 atmosphères.

70.—B. Maintenant, vous pouvez conclure que,
parce qu'il est au pouvoir de l'homme d'élever ou
d'abaisser de 10° la température d'un liquide , ainsi
que cela se voit tous les jours dans les cuves des
teinturiers, il est au pouvoir de l'homme de forcer
la nature à ne produire le gaz que par 2 chambrées
au plus à la fois ; il est au pouvoir de l'homme d'i-
miter chaque année le phénomène, anciennement in-
compris, des années de faveur ; et même il nous est
donné de perfectionner la nature en ces points es-
sentiels :

1°. De lui interdire même les légers écarts , qui,
dans ces années là, occasionnaient des pertes de 1
à 6 pour % ; 2° De préserver les producteurs de leurs
vives appréhensions de voir la nature, après 1 ou 2
mois d'une marche bénigne, changer tout-à-coup
cette marche, soit en une chaleur soutenue produisant la grande casse, soit en une basse température
soutenue, laissant à l'année prochaine l'achèvement
de la fermentation.

71.—C. Mon cher Monsieur, ce procédé rationnel,
facile, est si économique, que je ne vois plus la nécessité de votre Paracasse, que l'on trouve si coû-
teux, ni même l'utilité du perfectionnement des
bouteilles.

72.—B. Ce que vous dites là est judicieux. Quand
la raison, le bien public et l'esprit d'association seront suffisamment développés dans notre beau pays,
on pourra réunir en un vaste local, 1° un groupe de
grandes cuves fermées, ou de foudres communiquant entre eux par des tuyaux, et contenant ensemble tous les tirages des associés voisins, soit un
million de bouteilles ; 2° un seul appareil de ré-

chauffement et de refroidissement; 3° une seule pompe, un manomètre et beaucoup de thermomètres; 4° une garde établie et bien surveillée, pour garantir une succession non interrompue de factions propres à prévenir toute surprise.

Alors, en donnant aux foudres une enveloppe de bois ou de pierre médiocrement épaisse, on produira, à moins de frais que le Paracasse, les deux effets importants : l'un, la certitude de la fermentation achevée; l'autre, l'exemption de la casse.

73.—C. Il n'est guère probable que, de nos jours, l'union entre les producteurs s'établisse à ce haut point de raison. Je vois bien qu'il faut prendre notre parti de l'isolement des spéculations dirigées chacune en particulier, au gré du producteur.

Dites-moi si le but d'économie n'est pas atteint par le procédé hautement préconisé de l'essai préalable des bouteilles, jusqu'à la résistance à la tension soutenue de 8 atmosphères.

74.—B. Cela paraît juste. Toute bouteille garantie de cette force peut d'elle-même soutenir la tension excentrique, passagèrement produite par la fermentation fougueuse.

Cette bouteille dispense du Paracasse, de toutes les pratiques imaginées pour affaiblir la fermentation. Cette bouteille résout, sur le perfectionnement du verre, le problème vainement proposé en prix, il y a dix ans, par la société d'encouragement.

Voilà le côté spécieux de cette idée.

En voici maintenant la réalité. Pour que la bouteille de la force de 8 atmosphères fût acceptable, il faudrait que le prix du cent de ces bouteilles ne surpassât pas le prix ordinaire de 2 f. 25 c., qui est 100 fois 2 centimes 25/100, prix du revient du Paracasse.

Hé bien! il y a plus de 6 ans que les manufactures qui ont à cœur de perfectionner l'industrie verrière et de gagner le prix proposé ont vendu 5 fr., 6 fr. au-delà du cours, des flacons de matériaux entièrement neufs, d'une pâte mieux mélangée, d'un dessin uniforme plus régulier, d'un verre exempt de stries et de soufflures, d'une enveloppe où la substance est moins inégalement répartie, et ces bouteilles cassaient encore à 20 pour %, quand les communes cassaient à 40.

En outre, sur 100 bouteilles du commerce, il n'en est pas 5 qui soient capables de la résistance soutenue de 8 atmosphères Et, loin qu'il soit possible de rejeter 95 bouteilles sur 100 fabriquées, toutes les manufactures ensemble ont de la peine à fournir à la consommation annuelle du verre, qui, pour le vin mousseux, va toujours en augmentant.

75.—C. Vous m'avez éclairé sur ce point ainsi que sur les précédents.

Je ne reviens pas de ma surprise de voir que, sur des questions traitées pourtant par des hommes habiles, compétents, expérimentés, vous ayez jusqu'ici un avantage décidé, vous obscur, sans fortune, sans pratique, sans prôneurs, sans aucune influence sociale.

76.—B. C'est là le triste privilége de l'âge, de l'étude des mathématiques, et l'effet des obstacles multipliés sous mes pas dans ma longue carrière, parcourue en remplissant avec dévouement, confiance et zèle, des devoirs laborieux et pénibles qui n'ont pas été récompensés. Rentré dans la vie privée, je me suis remis, dans mon obscure retraite, à des travaux suspendus dans ma jeunesse. Avec le temps, l'esprit de méditation et la patience, je suis parvenu à dévoiler ce qui avait échappé au génie et à des investigations pratiques habilement dirigées. Ajoutez à cela, si vous voulez, que mes premiers aperçus sur l'industrie champenoise, et sur d'autres objets de plus haute portée, remontent à l'aurore de notre première révolution, où j'étais inspiré à la fois par l'amour de la science, par le souvenir d'Archimède et par le plus pur patriotisme.

Afin d'utiliser mes tristes avantages, il serait bien temps de réunir tous les efforts pour que je sois

écouté, accueilli, et pour que, dans la France éclairée et bientôt pourvue d'une haute institution pro-
tectrice, je sois la dernière victime de la faiblesse de
notre esprit national et du dédain pour les fruits de
la science et du calcul, quand ils sont présentés par
un homme dénué des moyens de les exécuter et
même de les livrer à la publicité.

77.—C. J'ai de plus en plus le désir de connaître
à fond votre invention. Ce que j'ai pu en recueillir
est insignifiant. C'est une grande cuve sphérique,
imperméable, remplie de bouteilles qui y sont im-
mergées et restent invisibles. Au dehors, il n'y a ni
machine, ni homme, ni mouvement pendant plusieurs mois, au bout desquels le vin retiré de la
cuve n'a ni cassé, ni coulé; et son prix est de 20
mille francs.

Croyez – vous pouvoir mettre à ma portée ses
principes, ses propriétés et son économie?

78.—B. J'en ai la conviction.

D'abord le Paracasse est pour le producteur le
moyen le plus économique de se préserver de casse
et de coulage, d'obtenir la mousse la première année, d'acquérir la certitude que la fermentation est
accomplie, et de s'affranchir de tout soin, de tout
grand travail, de tout sinistre, et surtout des inquié-
tudes et des tribulations qui ne cessent d'assaillir
nuit et jour le producteur; et cela, sans aucune ex-
ception d'année ni de qualité, et quand même, parmi
les lots de vin pareils à ceux de la cuve, traités par
confrontation, selon les routines connues, il y aurait dans l'un casse de 50 pour % avec des recouleuses, et dans un autre fermentation incomplète,
ne devant s'achever qu'à la 2ᵉ ou 3ᵉ année.

79.—C. Je pardonne au Paracasse de produire ses
effets sans mouvement, sans bruit, sans prestige, si,
en résultat, le producteur n'a à dépenser par bouteille que 2 centimes 25/100.

80.—B. Pour ce prix il retire encore d'autres avantages matériels, comme une bonne nature de dépôt,

l'uniformité, la qualité et la valeur des meilleures bouteilles de chaque lot de confrontation, ce qui entraîne une plus-value individuelle de 20 centimes.

Mais commençons par l'exposition du matériel et des principes.

La pièce capitale du Paracasse est une cuve en tôle forte, de la capacité de 15 mille bouteilles ensemble, d'une épaisseur capable de soutenir pendant plusieurs mois la force expansive de 7 atmosphères. Les bouteilles nouvellement tirées étant introduites dans la cuve, on achève de la remplir avec de l'eau ; on ferme hermétiquement la cuve ; on donne la pression 7 atmosphères; et, si l'on ne veut employer l'appareil qu'une fois dans l'année, on peut se dispenser de tout soin journalier assujettissant.

Les accessoires du Paracasse sont: une pompe de compression, une soupape de sûreté, un manomètre, des thermomètres ; et, quand on veut tirer plus de parti du Paracasse, une bouteille préalablement essayée par chacun des lots confiés à la cuve, cette bouteille, armée d'un petit manomètre particulier, immergée en une baignoire ouverte, entretenue à la température de la cuve ; et enfin un appareil propre à élever ou abaisser de quelques degrés la température du bain.

81.—C. Voyons si je comprends bien votre système. Vos bouteilles sont placées en un bain d'eau, où elles éprouvent l'influence immédiate de la température atmosphérique, le bain étant placé au rez-de-chaussée. La force expansive du gaz qui résulte de la fermentation, force qui peut monter à 8 atmosphères pendant quelques jours, est neutralisée par la compression du bain, qui s'exerce en dehors de la bouteille, compression de 7 atmosphères qui s'ajoute aux deux atmosphères de la résistance naturelle des plus faibles bouteilles. Dans les jours de chaleur, le verre ne court aucun risque ; dans les jours et les nuits de fraîcheur, le gaz est infiltré dans le liquide. A l'automne, le vin a acquis sa mousse, même sans faire usage de l'appareil accessoire de température.

Seulement vous avez dit quelque part que le capital d'achat du Paracasse était o fr. 45, ce qui, pour 15,000 flacons, fait 6,750 fr., et non pas 20 mille francs, qu'on trouve un prix exorbitant.

82.—B. Votre remarque est judicieuse et ma demande est juste. En effet, au lieu d'abandonner à la nature le soin de conduire à son gré la température de la cuve, et de produire la bonne mousse en 6 mois, je fais emploi des deux petits appareils, l'un à réchauffer, l'autre à refroidir le bain, en produisant à volonté, dans la température, une variation de 10 degrés. Cela me permet de conduire, en moins de 2 mois, à la bonne mousse, un vin qui, au tirage, s'est trouvé à l'état normal, état suffisamment enseigné par M. François, en attendant les instructions bien plus précises que l'on va devoir au Paracasse.

Il suit de là que le même Paracasse peut servir à 3 tirages consécutifs, c'est-à-dire à 45 mille bouteilles préservées de la destruction. Or, 45 mille fois la rente o fr. 02, 25/100 font 1,012 fr. 50, qui est la rente du capital 20,250 fr.

83.—C. A présent que je saisis les principes du Paracasse, ses effets et sa dépense, 2 centimes 25/100 par bouteille, comparée à la prime 10 centimes, offerte par le petit producteur, et à la prime 20 centimes, offerte par les gros négociants, je serais tenté de taxer de mauvaise foi chaque intéressé, s'il vous avait entendu et compris ainsi que moi, et si l'on pouvait être bien sûr qu'il n'y a pas encore sous le tapis quelque chose d'inconnu et d'inquiétant pour le producteur de vins mousseux.

84.—B. Malheureusement la question est assez complexe pour que 10 objections se présentent, chacune comme invincible, à 10 têtes isolées, qui n'ont ni le temps ni la pensée de me demander des éclaircissements, de sorte que , lorsqu'en se rencontrant, deux opposants viennent à se transmettre leurs objections , ils demeurent de plus en plus détournés du Paracasse, et enclins à considérer comme purement théoriques les bons effets de cet appareil ; à traiter d'exceptionnelles les expériences que j'invoque en ma faveur ; à croire que mon succès est dû au hasard, et à déclarer qu'il est exécuté trop en petit.

85.—C. S'il y a un remède à ces incertitudes , à ces oppositions sourdes, sans cesse renaissantes, ce doit être une ample discussion et la publicité. En attendant que vous obteniez cette discussion d'hommes considérables , je vais encore essayer de vous retracer quelques-unes des chicanes que j'ai pu recueillir.

On vous trouve de la hardiesse à vous poser comme mécanicien devant inspirer de la confiance , vous qui n'êtes pas ingénieur et qui n'avez à présenter au public que de longues études théoriques.

86.—B. Aussi est ce bien modestement qu'il y a 7 ans, je présentais aux négociants les principes et le plan du Paracasse. Je parle avec plus d'assurance et d'insistance aujourd'hui que j'exhibe un appareil exécuté, qui a déjà fonctionné deux fois , pendant deux mois, et pendant six mois.

Mes titres à la confiance sont précisément les études mêmes de l'ingénieur sur une seule spécialité, les principes de leur savant professeur M. Navier, et les formules qui en ont été déduites pour les constructions pratiques.

Au surplus, j'offre, devant un ingénieur même , une discussion sérieuse avec les hommes spéciaux du commerce des vins.

87.—C. Ne peut-on redouter une explosion et la perte du capital considérable confié à votre cuve ?

88.—B. Comme l'eau du bain est à la température moyenne de notre atmosphère, ou au plus à 10° au-dessus, il n'y a aucun lieu d'appréhender, ni une ébullition de l'eau, ni une génération insolite de vapeur, ni une exaltation subite et momentanée de la tension du bain.

89.—C. Cependant votre enveloppe participe, presque sans obstacle, à la température de l'air naturel. L'eau du bain s'y échauffe et se dilate plus que la tôle. La tension du bain peut recevoir de là un accroissement de plusieurs atmosphères, ce qui paraît capable de compromettre votre enveloppe de tôle, calculée seulement pour 7 atmosphères.

90.—B. Cet événement a été prévu. Une soupape de sûreté, de celles que construit un mécanicien distingué de cette ville, M. Duchauffour, laisse échapper de l'eau dès que la tension intérieure excède 7 atmosphères.

91.—C. L'effet de cette soupape est évident. Mais quand, par l'abaissement de la température, l'eau du bain et le verre des flacons reviennent à leur état moyen, la tension du bain se trouve subitement abaissée de plusieurs atmosphères, et le verre des bouteilles cessant d'être protégé, c'est alors que le danger naît d'une casse ultérieure.

92.—B. Vous m'accordez que l'affaiblissement critique de la tension se manifeste par l'abaissement du manomètre, et que le danger qui peut s'ensuivre ne commence à exister que lorsqu'un nouvel accès de fermentation amène une production de gaz.

Donc, le mal sera toujours paré, dans le cas du Paracasse le plus abandonné à lui-même, celui qu'on emploie à un seul tirage en été, si à chaque période de haute température, et c'est bien le moins qu'on puisse le faire, on visite la cuve et le manomètre. Alors, par une manœuvre de la pompe de compression, on rétablit la charge de 7 atmosphères.

Quant au Paracasse employé raisonnablement à 3 tirages annuels, comme il est surveillé chaque jour plusieurs fois, il n'existe pas pour lui l'ombre du plus petit danger de cette nature.

93.—C. Vous demandez pour le Paracasse une

chose qui est impossible à plusieurs producteurs : c'est un local étendu, qui n'existe pas dans leur habitation.

94.—B. On voit chaque jour un négociant louer au dehors une cave, un grenier, un magasin. Hé bien! votre producteur embarrassé louera dans son voisinage un hangar, un jardin; car la loge du Paracasse peut se réduire à une baraque de la foire. Et s'il fallait pour cela s'éloigner trop au gré du producteur, le faubourg est à sa disposition pour y porter tout son établissement, ainsi que cela se pratique avec économie, quand, pour cause d'agrandissement, un premier local cesse de suffire.

95.—C. Des hommes habiles vous reprochent de ne pas croire aux actions de la sève de Mars, des planètes, de l'électricité et de la sève d'Août, dans les phénomènes de la mousse.

96.—B. Je ne nie pas l'existence de ces sortes d'actions, et je crois même qu'il ne faut pas négliger l'arme du paratonnerre contre le fluide électrique, qui peut détruire la cuve, les bouteilles et les gens.

J'engage mes adversaires à réfuter, s'ils le peuvent, mon explication si simple de la marche naturelle de la fermentation aux années propices, et mon explication générale des périodes de formation du gaz et de son absorption, établies sur les variations sensibles et puissantes de la température. Qu'ils infirment, s'ils le peuvent, les faits journaliers : 1° sur la formation, en toute saison et à toute heure, du beurre, quand le vase de la crême est dans un bain tiède; 2° sur la fermentation du pain, chaque jour et à toute heure; 3° sur la composition en toute saison de l'eau mousseuse, en suivant les prescriptions de M. François.

97.—C. On vous accuse de commettre à votre préjudice une faute, en proclamant comme plus économiques les grands Paracasses, car vous éprouveriez moins de difficulté à placer de médiocres appareils.

98.—**B.** Il est vrai qu'à ne considérer que l'enveloppe de la cuve, enveloppe qui est un solide de tôle, le poids de cette tôle est proportionnel au cube du diamètre, et que son prix est proportionnel à la grandeur de la cuve, ce qui ôterait aux grandes cuves leur avantage.

Mais on ne fait pas attention aux accessoires du Paracasse, dont la valeur entre pour une assez grande fraction dans le prix total du Paracasse, 15 mille bouteilles. Ces accessoires sont à peu près les mêmes pour tous les Paracasses, et rendraient trop cher un petit appareil.

Il y a une autre cause de dépense, savoir : les boulons qui servent à coudre ensemble les pièces de tôle de la cuve. Cette dépense est à peu près proportionnelle au carré du diamètre, tandis que la contenance est proportionnelle au cube du même diamètre. Cette dépense, qui est considérable, exclut encore l'emploi des petits Paracasses.

99.—**C.** On vous accuse d'une bévue en géométrie, quand vous avancez qu'une cuve 8 fois plus grande qu'une autre contient plus de 8 fois autant de bouteilles.

100.—**B.** Celui qui a pu émettre cette objection fait preuve de théorie, et en même temps d'un abus en théorie, et surtout d'inexpérience en fait d'application matérielle ; et vous-même allez en juger.

Si une sphère a son diamètre plus petit ou seulement aussi grand que la longueur d'une bouteille, elle ne contiendra pas une bouteille. Selon votre théoricien, une sphère de diamètre double ne devrait contenir que 8 fois autant de bouteilles que la petite, ou 8 fois zéro ; elle ne devrait pas non plus contenir une bouteille, ce qui est absurde.

Si une bouteille était petite comme un grain de sable, le nombre des bouteilles serait précisément proportionnel au cube du diamètre. Il en est bien autrement à l'égard de nos bouteilles.

Si on considère deux cuves aux diamètres **D** et

10 **D**; si **A** est le nombre des bouteilles de la première, ou plutôt si **B** est le nombre de ses prismes
p, contenant chacun deux bouteilles, **B** sera dans la
seconde cuve le nombre des grands prismes **P**, aux
dimensions décuples de celles du petit prisme *p*. Et à
cet égard le grand prisme **P** valant 1,000 petits *p*,
la grande cuve aura 1,000 fois le nombre **A** des bouteilles de la première, supposées arrangées semblablement.

Mais de plus la première cuve aura des vides entre ses bouteilles et la surface sphérique ; la grande
cuve aura autant de vides semblables. Dans la première, aucun vide ne pourra contenir un prisme *p*;
dans la grande, aucun vide ne pourra contenir un
grand prisme **P**. Mais un grand vide ayant ses dimensions 10 fois plus grandes que celles d'un petit
vide, on conçoit que beaucoup de grands vides ad-
mettent des petits prismes, et par conséquent de nos
bouteilles.

Au surplus, cette question scientifique est de celles
à réserver pour être traitées à fond devant un juge
compétent.

101.—**C**. Je m'étonne d'avoir compris votre réponse et la précédente. Les deux attaques m'avaient
paru si vigoureuses et rationnelles, que je craignais
que vous n'eussiez failli sur ces points. Mais pour-
suivons.

Vous ne pouvez disconvenir que le local propre
au Paracasse n'exige un emploi du sol en sus de
l'emplacement des tas au cellier et à la cave ; et que
l'on n'aurait plus, comme à présent, la liberté de
disposer, en hiver, de l'emplacement du Paracasse
pour le dégorgeage des vins, ou pour recevoir des
poinçons pleins ou vides, ou autres objets.

102.—**B**. J'accepte le reproche fait au Paracasse,
d'occuper, hiver et été, une place qui est environ la
moitié du sol occupé par les tas correspondants;
mais reconnaissez-lui aussi le mérite de laisser en
toute liberté la totalité de ce sol : 1º durant le tra-

vail de la mousse ; 2º durant l'année entière, que gagne en maturité le vin du Paracasse, qui a la propriété de pouvoir être livré un an plutôt que le vin de la routine, aux années les plus favorables.

Mais non-seulement le Paracasse paie bien durant l'été le loyer annuel de son local, mais encore, durant l'hiver, il peut aujourd'hui payer ce même loyer plus d'une fois ; en le louant aux fabricants de bière ou de cidre, pour former leur mousse sans perte, en attendant d'autres emplois que nous lui destinons plus tard.

103.—C. Est-il possible et avéré que le Paracasse assure la mousse d'un vin dont le lot de confrontation ne devrait pas mousser dans une année trop froide ?

104.—B. Rappelons-nous que, parmi nos accessoires, il entre une petite baignoire rectangulaire, libre et sans pression, offrant, auprès les unes des autres, une collection de bouteilles de force éprouvée, représentant toutes les sortes de vins soumises au Paracasse. Chaque bouteille est armée d'un petit manomètre qui met en évidence le travail intestin de son vin.

La température de la baignoire est calquée sur celle de la cuve, au moyen de thermomètres et de deux robinets comme dans les bains publics ; de sorte que le travail est exactement le même dans la cuve et dans la baignoire ouverte, pour la même espèce de vin.

Or, quelque contraire que puisse être la température atmosphérique, on peut toujours amener celle de la cuve au degré de la fermentation, et ensuite celle de la baignoire au même état, pendant un petit nombre d'heures, soit 6 heures. On pourra toujours semblablement établir dans la cuve et dans la baignoire la période d'absorption durant 18 heures, ou le surplus des 24 heures.

On pourra faire succéder ces alternatives de fermentation et d'absorption, de manière à produire chaque fois une tension excentrique de 3 atmosphères ; ce qui, pour produire le gaz normal, exigera le nombre de jours 150 tiers, ou 50 jours; le vin, au moment du tirage, ayant déjà environ un quart de son gaz final.

Donc on est toujours assuré d'obtenir la mousse dans le vin du Paracasse.

105.—C. Est-on aussi certain de pouvoir reconnaître dans le Paracasse l'achèvement de la fermentation, au point de permettre, sans danger de casse ni de coulage, la rentrée des flacons dans l'air libre ; tandis que l'on verrait encore en pleine casse et en plein coulage, le vin de confrontation traité selon la routine à la cave ?

106.—B. Vous en allez juger. Dans la bouteille d'essai tenue dans la baignoire ouverte, on est sûr que la fermentation est terminée, quand il ne s'y forme plus de gaz durant plusieurs jours de la température maintenue à 20°. Donc, on est également sûr de l'accomplissement de la mousse dans le pareil vin de la cuve. Si donc on reconnaît le travail accompli dans le vin le plus retardé de la baignoire, c'est un signe indubitable que le travail est terminé dans toute la cuve.

107.—C. Il me semble qu'en ne produisant que des tensions excentriques de 3 atmosphères, vous ne tirez pas tout le parti possible de votre Paracasse, qui comporterait des tensions de 6 à 8 atmosphères.

108.—B. Votre remarque est très-judicieuse. Je voulais laisser à l'intelligence et à l'expérience des producteurs de vin mousseux à leur procurer l'avantage de 1 et 2 tirages, au-dessus de ceux qu'ils auraient payés. Ce sera le prix de la vigilance et de l'habileté dans la conduite de la cuve et de ses accessoires ; et d'autres surprises sont encore ménagées aux propriétaires de Paracasses.

109.—C. Est-il absolument impossible qu'il n'y ait de la casse dans la cuve? Je redis ce que j'ai bien compris : quand même la fermentation excessive

amènerait dans une bouteille une force **expansive**
de 8 atmosphères ; quand même on n'userait pas de
la faculté de la réduire à 6 ; comme la compression
du bain est de 7 atmosphères pour sa part, et que,
pour la sienne, le verre a une résistance de 2, on voit
que la force destructive est de 8, et que la force con-
servatrice est de 9 ; donc, à cet égard, il y a sécurité.

Mais la compression du bain n'est de 7 atmosphères que sous la protection de l'enveloppe de tôle,
dont la résistance doit être de 7. Cette résistance ne
peut-elle pas s'affaiblir, et la force expansive du gaz
ne peut-elle pas sortir de sa limite ?

110.—B. C'est l'épaisseur de la tôle qui lui donne
la résistance soutenue de 7 atmosphères ; et cette
épaisseur est celle prescrite par des formules expérimentales infaillibles. Un accroissement passager de
3, 4, 5 atmosphères dans la tension du bain ne com-
promettrait pas l'enveloppe, qui soutiendrait un
effort passager de 21 atmosphères.

Quand même, par une nature, inconnue jusque-
là, de vin, et pour une température insolite, on
verrait dans une bouteille d'essai la force expansive
monter à 10 atmosphères, on n'aurait rien à redouter dans la cuve de cet effort même prolongé, et on
aurait tout le temps de faire jouer l'appareil de refroidissement pour abaisser la force expansive à 6 atmosphères.

Enfin si, par impossible, il se déclarait une fuite en
un joint, on trouverait dans la manœuvre de la
pompe le moyen de la dissimuler ; on l'amoindri-
rait même en abaissant et la température et la compression jusqu'au terme de la mousse, ce qui per-
mettrait la réparation convenable.

111.—C. Est-on tout-à-fait à l'abri de la casse
quand, la mousse étant accomplie, les bouteilles sont
replacées à l'air libre ?

112.—B. Oui, pour le vin normal du commerce,
dont la tension finale est 2 atmosphères au plus. Et,
comme il n'y a que 1 bouteille par 100 qui n'ait pas

cette force, je conseille de rejeter les 3 plus faibles bouteilles sur chaque 100.

Quand on exigera une tension finale de 3 atmosphères, il faudra rejeter les 15 pour % bouteilles les plus faibles.

113.—C. Veuillez me faire comprendre par quel procédé on peut, dans un lot de 100 bouteilles, reconnaître sûrement et aisément les 3 plus faibles, les 15 plus faibles. Jusqu'à présent je n'ai ouï parler que d'un brise-bouteilles, ne faisant connaître la force que d'une bouteille rompue, et ne donnant presque aucune lumière sur la force d'une bouteille conservée.

114.—B La théorie de la résistance du verre fait connaître l'épaisseur $1^{mm}5o$, propre à soutenir indéfiniment la tension 2 atmosphères, ou, un instant, la tension 8 atmosphères.

Un instrument commode fait mesurer avec précision la moindre épaisseur du verre à l'épaule, et rejeter, sans la détruire, toute bouteille dont la minceur est au-dessous de $1^{mm}5o$.

Un autre instrument, saisissant et serrant par le collet une bouteille pleine d'eau, l'élève, au moyen d'une manivelle, de manière à la faire boucher par un bouchon fixe, conique, ayant dans l'axe commun du bouchon et de la bouteille un tube qui met en communication l'eau de la bouteille avec celle d'une cavité résistante qui porte un manomètre. La colonne manométrique monte à mesure que le col de la bouteille s'élève le long de son bouchon. On arrête le mouvement quand le manomètre indique la pression instantanée 8 atmosphères, qui convient au vin normal.

Une bouteille de l'épaisseur de $1^{mm}5o$, qui aurait été détruite avant la tension 8 atmosphères, aurait dû sa fracture à un défaut de recuit.

115.—C. Vous faites ici du manomètre un usage semblable à celui par lequel vous arrêtez la compression de la cuve à 7 atmosphères.

116.—B. C'est cela même. Et si l'on veut que, dans la bouteille où la mousse est accomplie, la tension finale soit 3 atmosphères; ce qui exige dans le verre une moindre épaisseur de 2 millimètres; après avoir, avec le compas seul, et sans la briser, rejeté toute bouteille de minceur au-dessous de 2^{min}, on continuera, au moyen de la manivelle, à faire monter la bouteille le long de son bouchon, jusqu'à ce que la colonne manométrique arrive à 12 atmosphères.

117.—C. Vous n'avez pas dit non plus comment vous pouviez vous procurer des bouteilles de la résistance de 8 atmosphères soutenues, bouteilles dont vous avez besoin pour votre baignoire libre.

118.—B. Le compas d'épaisseur me donne les bouteilles dont la minceur est de 6 millimètres; et, parmi ces bouteilles, je conserve celles qui, à l'essayeur, soutiennent la tension 24 atmosphères. Celles qui auraient cassé auraient dû leur faiblesse à un défaut de recuit.

119.—C. Ici je vous crois en défaut. Vous avouez vous-même, dans la défectuosité du recuit, une cause de destruction qui ne peut être reconnue en une bouteille que lorsqu'elle périt. Voilà donc une nouvelle dépense, dont vous n'avez pas tenu compte.

120.—B. Votre critique est juste, et je ne suis pas dans mon tort. Je ne croyais pas opportun d'entrer dans cette sorte de détails; mais puisque votre perspicacité rend mon explication nécessaire, je vous dirai que, lorsqu'on aura adopté le Paracasse, je présenterai à une verrerie ce plan :

1°. Avoir dans l'établissement plusieurs *compas d'épaisseurs*, plusieurs *essayeurs de bouteilles*, et plusieurs ateliers de trois ouvriers, même étrangers à la fabrication.

2°. Soumettre au compas, non pas seulement les bouteilles du poids de 28 onces, ou anciennement marchandes, mais encore les bouteilles trop légères, dont plusieurs peuvent avoir à l'épaule, soit la moindre épaisseur 1^{mm} 5o, soit la moindre épaisseur 2^{mm}.

3º. Avoir égard aux commandes de bouteilles à la mousse de 2 atmosphères, et à la mousse de 3 atmosphères.

4º. Soumettre à l'essayeur, pour la tension subite 8 atmosphères, toute bouteille d'épaisseur 1^{mm} 5o à 2^{mm}, et ensuite une part convenable du grand lot de bouteilles.

5º. Soumettre le surplus à la tension subite 12 atmosphères.

6º. Il n'est pas impossible que la perte des bouteilles cassées ne soit couverte, et même toute la dépense, par la plus-value donnée aux bouteilles légères, qui auront été relevées au rang de bouteilles marchandes actuellement garanties.

7º. Dans tous les cas, il n'est aucun producteur, muni de Paracasse, qui ne consente à payer par 100 bouteilles garanties, ou o fr. 5o, ou 1 fr. de plus pour indemniser le verrier.

Cependant, si la manufacture pouvait hésiter à consentir au marché, je trouverais certainement les clients du Paracasse bien disposés à se procurer à moins de frais la même garantie.

Enfin je vous dirai qu'il est dans l'intérêt et au pouvoir du fabricant de bouteilles à vin mousseux de réduire presque à néant les défectuosités que nous attribuons au recuit :

1°. En n'admettant pour cette classe de bouteilles que des matériaux absolument neufs, parfaitement mélangés; 2° en ayant assez d'ouvriers pour fabriquer une cuite en un temps donné; 3° en ayant des bâtiments assez vastes pour permettre le refroidissement lent et régulier du verre recuit; 4° en évitant les courants d'air sur le verre brûlant.

Dans cet état de choses, une bouteille aura toujours la force indiquée par sa minceur, et une fracture ne s'effectuera qu'à l'épaule.

121.—C. Une objection capitale, que je crains bien de vous voir laisser sans réponse, c'est que vous exigez du producteur le paiement du Paracasse dans l'année même de la construction.

122.—B. Je voudrais être aussi certain d'avoir cette année cinq commandes d'appareils que je le suis de réduire à néant, et de votre propre aveu, votre objection.

D'abord, supposons qu'un producteur, faisant annuellement 45 mille bouteilles, ait disponible le capital 20 mille francs, et que, suffisamment éclairé sur ce qui concerne le Paracasse, il achète cet appareil.

Il se prive de la rente 1,000 fr. de son capital ; mais, de ses 45 mille bouteilles, et grâce au Paracasse, il retire, au-dessus de son bénéfice ordinaire, la valeur 45 mille fois 20 centimes, ou 9 mille fr.; et ce n'est encore là qu'une partie des bons effets de notre appareil.

Considérons ensuite un producteur aussi éclairé et judicieux, mais privé du capital 20 mille francs. En empruntant cette somme, à rembourser par annuités, il s'impose quelques années une rente de quatre mille francs, je suppose; mais, comme il retire de son Paracasse le revenu annuel 9 mille francs, au-delà de son bénéfice ordinaire, il trouvera le moyen de se libérer et en même temps d'étendre sa spéculation, bien consolidée à l'avenir

Maintenant, considérons un producteur imbu de doutes et de préjugés contraires au Paracasse, mais ayant assez de caractère pour vouloir savoir à quoi s'en tenir sur cette découverte. Il me demande une conférence devant un ingénieur de son choix. Une discussion s'établit : il pèse les raisons favorables, celles opposées, et il acquiert la pleine conviction des propriétés inhérentes au Paracasse. Alors il n'hésite pas à emprunter, s'il le faut, la valeur de l'instrument.

Enfin, c'est aujourd'hui que j'exige le paiement prompt du Paracasse, et dans mon état actuel de pauvreté et d'isolement. Mais il n'est pas impossible qu'il se présente un capitaliste ou une société pour partager avec moi l'exploitation de mon brevet, et pour consacrer à la construction un fonds qui permette d'avoir plusieurs appareils à l'avance. Alors, avec des arrangements convenables, un producteur pourrait obtenir la division de son paiement en annuités.

123.—C. Je suis alarmé de vous voir parler aussi à votre aise d'association avec vous, pour une entreprise que je trouve colossale ; car chaque année ordinaire le tirage excède 20 millions de bouteilles dans une dizaine de nos départements. Cela exigera 450 appareils. Et quel est le banquier qui n'hésitera pas à entreprendre une exploitation qui entraînera une dépense de plus de 9 millions ?

124.—B. Ma réponse est pourtant fort simple.

Le banquier que vous interpellez sera le premier spéculateur qui, d'un esprit droit, éclairé, ferme et sensé, aura su envisager non seulement la dépense totale en une douzaine d'années, mais aussi la marche inévitable de cette dépense et les produits simultanés.

Ce sera le spéculateur qui, le premier, s'entourant des lumières d'un savant ingénieur et d'un habile jurisconsulte, aura examiné les principes du Paracasse, sa construction, ses propriétés, mon mémoire spécial et mon plan d'administration sur l'exécution des appareils, et aura su combiner :

1° La dépense ;

2° L'impérieuse nécessité pour les producteurs de faire cesser le plus tôt possible une perte annuelle de trois millions de francs sur le prix de revient, perte qui désormais sera une absurdité.

3°. La certitude, pour les mêmes producteurs, de se procurer un boni annuel qui, en totalité, est de 4 millions en sus du prix de vente dans leurs caves.

4°. La réflexion toute simple que les 9 millions employés aux constructions ne seront dépensés qu'à la condition de produire simultanément à la compagnie plusieurs autres millions de bénéfice net.

5°. La considération qu'il ne s'agit point ici, comme cela s'est vu dans beaucoup d'entreprises, d'ailleurs honorables, utiles, bien conçues et profitables : telles que les voitures publiques pour les voyageurs et le commerce, les omnibus, les armements pour la pêche, les chemins de fer, les bateaux à vapeur.... qu'il ne s'agit pas ici d'une grande masse de capitaux devant précéder tout bénéfice raisonnable ; bénéfice qui, avant sa réalisation, dépendait d'une éventualité, de la faveur publique, de la mode,

6°. La considération que le bénéfice du brevet n'est point un impôt extorqué de la caisse du producteur ; que c'est une conquête glorieuse du génie sur l'abîme de la destruction et sur le néant.

7°. La considération que, si l'on ne veut pas activer la construction plus rapidement que dans la progression 5, 10, 20, 40.... appareils dans les premières années, il n'est nul besoin d'ajouter rien au premier capital nécessaire, 50 mille francs, ni pour frais d'administration, ni pour aucun sinistre, tout en recevant un gros dividende annuel, au-delà de l'intérêt commercial du premier capital et du fonds annuel de construction.

8°. Que, si le public intéressé demeure sourd et aveugle encore quelques années, à la honte de notre siècle et du gouvernement constitutionnel (ce qu'à Dieu ne plaise!), il n'y aura eu aucune dépense à faire.

9°. Qu'avec la première construction commence le premier bénéfice, et qu'une fois la glace rompue, il y aura nécessairement concurrence ponr se faire servir.

Ma réponse, en un mot, est que le succès et l'honneur attendent le premier spéculateur intelligent qui, après avoir étudié à fond les principales branches de la vaste question du Paracasse, aura la pensée salutaire de consacrer une légère somme à éclairer et l'administration et les administrés, pour mettre un

terme à la destruction annuelle volontaire de plusieurs millions de francs, et à la privation annuelle
volontaire de plusieurs autres millions, pour l'industrie, le commerce et le cultivateur de la vigne.

125.—C. J'appréhende que la publicité donnée à
votre construction du Paracasse, à ses principes, à
vos explications lumineuses sur la fermentation,
sur la température, sur le gaz, sur sa tension, sur
l'absorption, sur la résistance du verre, sur celle de
la cuve, ne vous causent un grave préjudice pour
l'exploitation de votre brevet d'invention.

126.—B. Autrefois j'avais cette crainte, et elle
était fondée avant que j'eusse acquis mon titre; mais
depuis l'expédition du brevet, des décisions de juris-
consultes compétents m'ont éclairé et rassûré sur
mes droits; ils ne peuvent recevoir aucune atteinte
de la publication de leurs procédés et de leurs principes.

Le seul malheur, pour le brevet comme pour le
public, c'est le manque d'une discussion étendue capable de porter dans tous les esprits la lumière et la
conviction. Le Paracasse n'aura pas d'adversaires
dès qu'il sera bien connu; et, pour être exécuté, il
suffit qu'un seul homme, droit et possesseur d'un capital de 5o mille francs, ait connaissance de notre
discussion, et se déclare prêt à examiner, devant un
ingénieur et devant un jurisconsulte, mes calculs
scientifiques et mon plan d'administration sur l'exploitation du brevet.

127.—C. Vous avez raison de le dire: la question
de la mousse et de la casse est d'une étendue immense. Sous les premiers rapports matériels, industriels
et scientifiques, elle m'a offert une foule d'objets in-
téressants; et voici que vos dernières réponses font
surgir à mes yeux une multitude de nouveaux aperçus
d'un ordre plus élevé, et auxquels je n'avais pas son-
gé. Je n'ai garde de controverser avec vous sur ces
objets et sur l'influence plus ou moins prochaine du
Paracasse.

Seulement, si vous me disiez que vous êtes aussi préparé à la discussion sur ces matières que sur celles qui ont précédé ; si vous pouviez me certifier que, sans causer le moindre préjudice au commerce actuel, l'avenir doit apporter des avantages signalés aux ouvriers, aux cultivateurs et au trésor, je vous croirais sur parole et me tiendrais satisfait. Car je dois rendre à la vérité ce témoignage : que rien de ce que vous avez annoncé il y a 7 ans n'a été démenti par l'événement ; et que plusieurs avantages, que vous n'aviez pas d'abord énumérés, ont depuis été rendus manifestes.

128.—B. Le Paracasse tiendra ses promesses, non-seulement envers l'industrie, les producteurs, le commerce et le trésor, mais encore envers les consommateurs, les ouvriers, les vignerons, envers mon associé, et enfin envers la politique, la science et la morale.

Ces promesses sont consignées dans un mémoire scientifique spécial et dans un projet d'exploitation du brevet d'invention sur le Paracasse.

J'offre ces mémoires à l'examen consciencieux d'hommes compétents.

129.—C. Je vous remercie de vos développements saisissants et lumineux durant toute cette longue discussion. Vous pouvez compter sur mon vigoureux appui dans le rayon de ma petite sphère d'activité ; et je suis si persuadé de dispositions semblables chez des lecteurs de bonne foi, que, si vous voulez rédiger notre conversation, je me charge des frais de son impression, que vous me rembourserez plus tard, quand vous aurez vaincu les obstacles qui s'opposent encore à votre élévation. Puissé-je, par un aussi mince service, avoir coopéré à avancer de quelques jours la manifestation d'un savant méconnu jusqu'au terme de sa carrière !

Table des Matières.

11.—C. Je dois croire à quelque malentendu entre les commerçants et vous.

12.—B. En vain ai-je réclamé une discussion sérieuse, et rappelé la prime offerte anciennement de 10 centimes par bouteille.

13.—C. Jusqu'à présent votre cause paraît bonne. Si je pouvais comprendre les motifs à l'appui du Paracasse, je pourrais les faire valoir dans mon petit cercle.

14.—B. Je rends hommage à l'étendue de votre intelligence, et jusqu'ici j'ai vainement cherché un interprète.

15.—C. N'avez-vous pas des expériences en votre faveur?

16.—B. Plusieurs expériences préparatoires. Expérience décisive en 1842.

17.—C. Veuillez me donner des idées lucides sur le gaz, sur la mousse, sur la casse.

18.—B. Le gaz du vin n'est pas sa vapeur alcoolique; il est le produit d'une fermentation à une température moyenne. Sans le bouchon, le travail s'achèverait en peu de jours.

19.—C. Quelle espèce d'obstacle le bouchon oppose-t-il ?

20.—B. Sous le bouchon, le gaz s'accumule, sa tension s'accroît; sa pression suspend la formation de nouveau gaz, jusqu'à l'absorption du précédent aux 71/72. Ce qui prolonge le travail à 5 mois.

21.—C. Je voudrais comprendre comment une pression plus forte sur un liquide peut arrêter la formation d'un gaz.

22.—B. Cela se conçoit par le phénomène de l'ébullition de l'eau à des températures de plus en plus élevées, à mesure qu'on s'abaisse dans l'atmosphère.

23.—C. Ainsi, quand la pression augmente sur le vin, la fermentation est suspendue jusqu'à un accroissement de température.

24.—B. Autres conséquences de la lenteur de

l'absorption. 1° 7 centilitres de nouveau gaz brise à l'instant tout le verre mince, et successivement les bouteilles plus fortes. 2° Une grande casse peut avoir lieu avant l'achèvement du travail. 3°Une grande perte n'est pas toujours une garantie de cet achèvement.

25.—C. Je crois voir là les difficultés qui ont torturé les anciens.

26.—B. La nature a à créer 150 centilitres dans l'été. Son travail peut s'effectuer à petites doses, en 60 accès, sans casse. Il peut s'effectuer à fortes doses, en une quinzaine d'accès, dont chacun produit la casse foudroyante.

27.—C. Mes idées sont bien obscures sur la pression d'un liquide, d'un gaz ; sur la compression, sur la force expansive d'un gaz, sa tension, etc.

28.—B. Développement sur la pression d'un liquide.

29.—C. Sur la force qui ferait équilibre à cette pression.

30.—B. Sur une pression moitié, quart de la première. Sur une pression égale à la première.

31.—C. Sur une pression double ou triple d'une première.

32.—B. Sur la pression de l'air.

33.—C. Sur la compression de l'air.

34.—B. Sur le volume de l'air réduit à sa moitié, à son tiers... par une charge double, triple. *Et vice versâ.*

35.—C Qu'adviendrait-il si, dans un volume donné, on faisait entrer de nouvel air?

36.—B. On ferait monter l'eau dans le tuyau, et quand la densité croissante de l'air serait devenue double, triple,.... on retrouverait la charge double, triple.

37.—C. Je ne vois rien de semblable dans l'eau comprimée, même à 7 atmosphères.

38.—B. Le gaz est un ressort doux. Le liquide est un ressort rude. Tous deux reçoivent et transmettent instantanément et au loin une pression.

39.—C. Application à la tension 1 atmosphère dans la chambre de la bouteille de vin mousseux.—Qu'est-ce que l'absorption?

40.—B. C'est un double effet de l'attraction moléculaire et de la propulsion du gaz de la chambre. Durée du travail de l'absorption.

41.—C. Je m'explique 2 phénomènes. 1° Le saut du bouchon 15 jours après un tirage. 2° Le non-saut, 8 jours plus tard.

42.—B. Durant tout le travail, l'état du gaz dans la chambre est variable.

43.—C. Le coulage n'est-il pas l'effet d'un défaut du liége?

44.—B. Autrefois le meilleur liége coulait à 5 atmosphères, et le commun à 3. Maintenant le mauvais liége ne coule qu'à 5. La casse est plus forte.

45.—C. Je ne me rends pas raison de la manière dont résiste le verre.

46.—B. On conçoit la force qui rompt subitement un prisme de verre de 1 millimètre carré de section. On se figure le renforcement du verre d'une bouteille, excepté à l'épaule, dans une bande annulaire de la section $1/2^{mm}$ carré. Et même dans une seule moitié de cet anneau, ne tenant à l'autre que par la cohésion des deux bases. Ici la résistance est la même que dans le prisme de la section 1 millimètre carré.

47.—C. Je voudrais me figurer la dilatation d'un corps par la chaleur, et au contraire.

48.—B. La physique attribue au calorique une force répulsive qui s'accroît par la chaleur, et s'affaiblit par le refroidissement. Cependant, sans recourir à la vertu occulte de la répulsion, on explique sainement les deux phénomènes analogues de l'hygrométrie et de l'absorption.

49.—C. Explication demandée sur la rupture soudaine du verre et sa rupture à la longue.

50.—B. Exemple de la corde visiblement extensible, rompue subitement par le poids 1,000 kil., étendue vivement par le poids 900, et rompue en quelques minutes ; étendue et rompue en quelques heures par le poids 800 kil., et soutenant indéfiniment le poids 200 kil. Tous les solides sont extensibles.

51.—C. Qu'est-ce que la mousse ?

52.— B. Flocons d'écume qui constituent la grande mousse. Bulles gazeuses amoncelées, qui forment la bonne mousse. Ascension de globules perlés.

53.— C. Demande d'un précis historique du vin mousseux.

54.— B. Il y a trois siècles, on ne faisait de vin mousseux que pour la table des rois. Perte totale du petit vin. Deux espèces fréquentes de perles sur le fin vin. Manque de mousse et casse partielle. Extension et perfectionnement de l'industrie, sans jamais avoir abaissé le prix du bon vin.

55.—C. Désir de connaître les tentatives diverses pour se soustraire à la casse.

56.—B. Redressage des bouteilles, — chambre agrandie, — eau fraîche, — glace, — manœuvre des bouteilles, — alcool, soufre, tannin, sucre, — dosage des vins, — dosage du sucre, — piquage des bouchons, — emploi de l'électricité.

57.—C. Propension vers le dosage des vins.

58.—B. Aucune tentative n'eut un succès constant. Le défaut du dosage préalable est la variation continuelle et inégale de plusieurs vins, à des époques semblables.

59.—C. Demande des principales défectuosités de ces diverses tentatives.

60. —B. Des frais inutiles ; une casse muette remplacée par une casse explosive ; température élevée ; blessures ; nulle garantie de fermentation, ni de bonne mousse, ni d'uniformité ; perte toujours au-dessus de 10 centimes.

61.—C. Bonne opinion du procédé du piquage du liége.

6**2**.—B. Pure illusion. La véritable dépense est dissimulée. La perte excède 20 pour %.

63.—C. On prône un secret fondé sur l'électricité.

64.—B. Examen sérieux, perte de plus de 10 pour %.

65.—C. On loue comme préventive et comme préservative la méthode de M. François

66.—B. Elle est parfaite pour donner de l'eau mousseuse. Elle est encore bonne pour le vin. Lui-même il indique un maximum de perte de 15 pour %. En 1842, l'application de sa méthode a conduit à une casse de 40 pour %.

67.—C. Il serait à désirer que l'on connût ce qui se passe aux rares années de casse bénigne.

68.—B. Cette explication, vous pourriez la trouver d'après ce qui précède.

69.—C. En effet, je me souviens des conséquences d'une production de gaz à petites doses. Dans ces années, la saison se partage en une nombreuse suite de périodes alternatives de chaleur moyenne et de nuits fraîches.

70.—B. La conclusion, c'est qu'il est au pouvoir de l'homme de produire à coup sûr la bonne mousse, sans beaucoup de casse.

71.—C. Ce moyen doit dispenser de votre Paracasse, dont on objecte le haut prix.

72.—B. Effectivement, quand l'esprit d'association aura produit ses fruits, l'application du procédé en commun pourra économiquement remplir le but de l'industrie et de la science.

73.—C. Je vois bien que, de long-temps encore, ce plan ne sera réalisable. Que penser de celui fort vanté de l'essai des bouteilles à 8 atmosphères ?

74.—B. Rationnellement, une bouteille de cette force ne pourra casser par le gaz ; mais le prix de ces bouteilles fera monter la dépense bien au-delà de 10 pour %, et il sera de toute impossibilité de se procurer plus du 19ᵉ des bouteilles nécessaires.

75.—C. Je suis étonné de vous voir, vous, homme obscur, sans autorité, réfuter péremptoirement des opinions émises par des gens d'une grande habileté.

76 —B. C'est le triste privilége de mon âge et de l'étude des mathématiques. Puissé-je être la dernière victime de l'absence d'esprit public!

77.—C. Je suis désireux de connaître plus à fond le Paracasse, dont je ne connais que le dehors, les effets et le haut prix.

78.—B. C'est le moyen le plus économique pour le producteur d'obtenir chaque année la mousse complète, sans casse, ni sinistre, ni alarme, quand même il en arriverait tout autrement dans les lots de confrontation.

79.—C. Et tous ces avantages sont obtenus au prix de 2 centimes 1/4 par bouteille?

80.—B. Pour ce prix, le producteur retire encore d'autres avantages signalés.

Sa construction offre une baignoire où les bouteilles sont soumises à une compression de 7 atmosphères.—Avec quelques utiles accessoires.

81.—C. Répétition des éléments du Paracasse.— Remarque sur le prix 15 mille fois la rente 0^f,02^c 25/100, faisant 333^f,50^c, qui est la rente du capital 6,750^f, et non de 20,000^f.

82.—B. Au moyen de l'appareil accessoire de température, la cuve peut servir à trois tirages consécutifs. Elle préserve 3 fois 15 mille bouteilles, et son prix est 3 fois 6,750^f.

83.—C. Est-ce qu'il y aurait sous le tapis quelqu'autre élément à considérer que la dépense annuelle 2 centimes 1/4, comparée aux primes 10 et 20 centimes?

84.—B. Malheureusement la question est complexe. Chacun aperçoit une difficulté, et, dans l'isolement, l'erreur se perpétue.

85.—C. L'antidote de l'erreur est la publicité. Je vais vous soumettre plusieurs difficultés que j'ai pu recueillir. On ne vous permet pas de vous poser comme mécanicien.

86.—B. J'étais plus modeste il y a sept ans, quand je réclamais une expérience probante. Aujourd'hui je suis fort d'un appareil exécuté, et d'une expérience décisive. Enfin je me borne à la spécialité du Paracasse, et je réclame l'examen d'un ingénieur.

87.—C. Ne peut-on redouter une explosion ruineuse?

88.—B. A la température moyenne de notre atmosphère, augmentée au plus de 10° C., un tel danger est chose impossible.

89.—C. N'oubliez-vous pas l'excès de dilatation de l'eau du bain sur celle de l'enveloppe de tôle?

90.—B. Cela est prévu et paré par une simple soupape de sûreté.

91.—C. Mais alors, un peu plus tard, la tension du bain sera affaiblie, et le verre se trouvera sans protection.

92.—B. Pour parer à ce danger, il suffira d'une visite à chaque élévation de température. Et dans le Paracasse à trois tirages, la surveillance est de tous les jours.

93.—C. Peu d'habitations offrent un local assez étendu pour votre Paracasse.

94.—B. On louera au dehors un hangar, un jardin.

95.—C. On accuse votre inexpérience relativement aux influences mystérieuses de la sève de mars, de celle d'août, des planètes, de l'électricité, relativement à la casse.

96.—B. Je suis loin de négliger l'arme du paratonnerre. Je crois à l'influence supérieure de la température relativement au beurre, à la pâte du pain, et à la composition de l'eau mousseuse, en toute saison et à toute heure.

97.—C. On vous reproche de commettre à votre préjudice une faute, en proclamant les grands Paracasses comme plus avantageux.

98.—B. Le reproche serait fondé s'il n'y avait à

considérer que le prix de la cuve; mais les accessoires forment une fraction d'autant plus considérable du prix total, que le Paracasse est petit.—A
l'égard des boulons pour coudre les pièces, l'avantage est encore aux grands Paracasses.

99 —C. On vous accuse hautement d'une bévue
en géométrie, quand vous croyez faire entrer plus
que 8 fois autant de bouteilles dans une cuve que
dans celle 8 fois plus petite.

100.—B. La bévue est de la part du théoricien
inexpérimenté qui ne fait pas attention aux grands
vides de la grande cuve.—Au surplus, ces points de
science doivent se traiter devant un ingénieur.

101.—C. J'ai compris vos réponses sur des objets
scientifiques sur lesquels l'assurance des opposants
m'avait fait craindre pour vous.

Vous ne pouvez vous disculper d'employer
pour le Paracasse un emplacement en surplus du sol
nécessaire aux tas.

102 —B. Oui, le Paracasse occupe hiver et été
un emplacement en dehors du sol ordinaire ; mais ,
outre les compensations directes, il paie bien son
loyer dans l'été ; et, en hiver même, il peut rappor-
ter plusieurs fois son loyer, en le louant aux fabricants de cidre et de bière.

103.—C. Est-il avéré que le Paracasse assure la
mousse au vin dont le lot de confrontation ne
mousserait pas de lui-même la première année?

104.—B. Au moyen de l'appareil de température,
on peut toujours donner à la cuve le degré de la fermentation, que l'on dirigera à son gré au moyen de
la petite baignoire aux bouteilles manométriques.

105.—C. Est-on aussi assuré de reconnaître l'a-
chèvement de la mousse dans le Paracasse?

106.—B. Oui, car on connaîtra l'accomplissement
du travail de la fermentation dans la bouteille le plus
en retard de la petite baignoire.

107.—C. Il me semble que vous négligez un de

vos avantages en ne produisant le gaz qu'à petites doses dans votre Paracasse.

108.—B. Je laissais cet avantage à la sagacité du producteur.

109.—C. Un danger de casse ne peut-il pas naître de l'affaiblissement de la tôle, ou encore d'une qualité extraordinaire de vin, qui élèverait à 10 atmosphères la tension excentrique?

110.—B. L'épaisseur de tôle, pour la résistance de 7 atmosphères à une pression continue, est prescrite par des formules expérimentales. La même tôle ne romprait que sous l'effet de 21 atmosphères. Elle peut long-temps soutenir des efforts de 8 à 12 atmosphères. La surveillance journalière de l'appareil fera toujours remédier à un écart de la nature.

111.—C. Est-on tout-à-fait à l'abri de la casse quand les bouteilles rentreront dans l'air libre?

112.—B. Oui, pour le vin normal, en récusant au préalable les 3 plus faibles bouteilles sur 100. Pour un vin de 3 atmosphères de tension finale, il y aurait à rejeter les 15 pour 100 bouteilles plus faibles.

113.—C. Y a-t-il un procédé économique pour rejeter les 3 pour 100 bouteilles les plus faibles, sans en briser?

114.—B. Un compas d'épaisseur écarte par une manipulation assez prompte les bouteilles trop faibles à l'épaule. Les bouteilles d'épaisseur suffisante sont soumises à la tension constante manométrique 2 atmosphères, et il s'en perd tout au plus 1 par cent.

115 et 116. Manœuvres semblables pour les bouteilles a la tension finale 3 atmosphères.

117.—C. Comment vous procurez-vous les bouteilles fortes pour la petite baignoire?

118.—B. Le compas d'épaisseur fait connaître les bouteilles de la minceur 6^{mm}; le brise-bouteille, tendu à 24 atmosphères, fait rejeter celles de ces bouteilles qui seraient trop faibles.

119.—C. Je crois que vous avez omis de faire

entrer en compte la dépense qui résulte des bouteilles détruites par le brise-bouteille.

120.—D. Projet avantageux aux verreries pour se
charger de l'essayage des bouteilles ; dépense qui
pourra être couverte par la récupération de flacons
rejetés à tort comme trop légers, et, au pis-aller,
par une augmentation de 1 centime par bouteille ;—
autres vues pour réduire à néant les défectuosités du
recuit.

121.—C. On vous blâme d'exiger du producteur le
prompt paiement du Paracasse.

122.—B. Mon tort est nul envers le producteur
éclairé qui aura son capital disponible dans l'année ;
nul encore envers le producteur qui aura assez
de crédit pour emprunter son capital ; nul encore
envers le producteur subjugué par des préjugés,
des doutes, qu'il peut faire dissiper par un ingénieur. Quant aux autres producteurs, ils devront
attendre que j'aie le moyen de leur offrir des facilités.

123.—C. Pouvez-vous compter sur un associé
sérieux dans une entreprise qui nécessitera une dépense de 9 millions ?

124.—B. Sans doute, si le capitaliste intelligent
combine la dépense 9 millions en 12 ans avec la
recette aussi en 12 ans de ces 9 millions, et de 9
autres millions de bénéfice ; et s'il considère que,
pour satisfaire à tous les besoins, à toutes les éven-
tualités, il suffit, à la rigueur, d'un capital initial de
50,000 francs, sans autre appel possible de fonds ;
si enfin il considère que, pendant les 12 ans, les producteurs auront récupéré 36 millions sur la destruction de la casse, et 50 millions sur la vente dans
leurs caves.

125.—C. N'est-il pas à craindre que la publicité
donnée à la construction et aux principes du Paracasse ne nuise à votre exploitation ?

126.—B. Avant le brevet, cela eût été dangereux.
Depuis le brevet accordé, le seul péril vient du défaut de conviction dans les esprits.

127.—C. Elle était véritablement immense la question de la mousse du vin, puisque la seule utilité matérielle du Paracasse a pu occasionner déjà une longue discussion, et que voici de nouveaux rapports administratifs, politiques et moraux, qui appelleraient notre étude. Pouvez-vous seulement m'assurer que le commerce n'aura rien à souffrir de la part de la nouvelle industrie?

128.—B. Tous les avantages promis par le Paracasse sont exposés en deux mémoires, l'un scientifique, l'autre administratif, qui sont offerts à l'examen d'hommes compétents.

129.—C. J'ai foi en vos assertions, foi au Paracasse et en votre avenir.

RHEIMS, IMP. DE E. LUTON, PLACE ROYALE, 1.